Ronny Rode

Eine wissenschaftliche Analyse der geschlossenen Funktion.

Impressum

Bibliografische Information der Deutschen Nationalbibliothek:
Die Deutsche Nationalbibliothek verzeichnet diese Publikation in der Deutschen Nationalbibliografie; detaillierte bibliografische Daten sind im Internet über http://dnb.dnb.de abrufbar.

© 2023 Ronny Rode

Digitalisierung: Simonarts

Herstellung und Verlag: BoD – Books on Demand, Norderstedt

ISBN: 978-3-7528-7937-7

Die einheitliche Feldtheorie

Die hohe Schule des I Ging

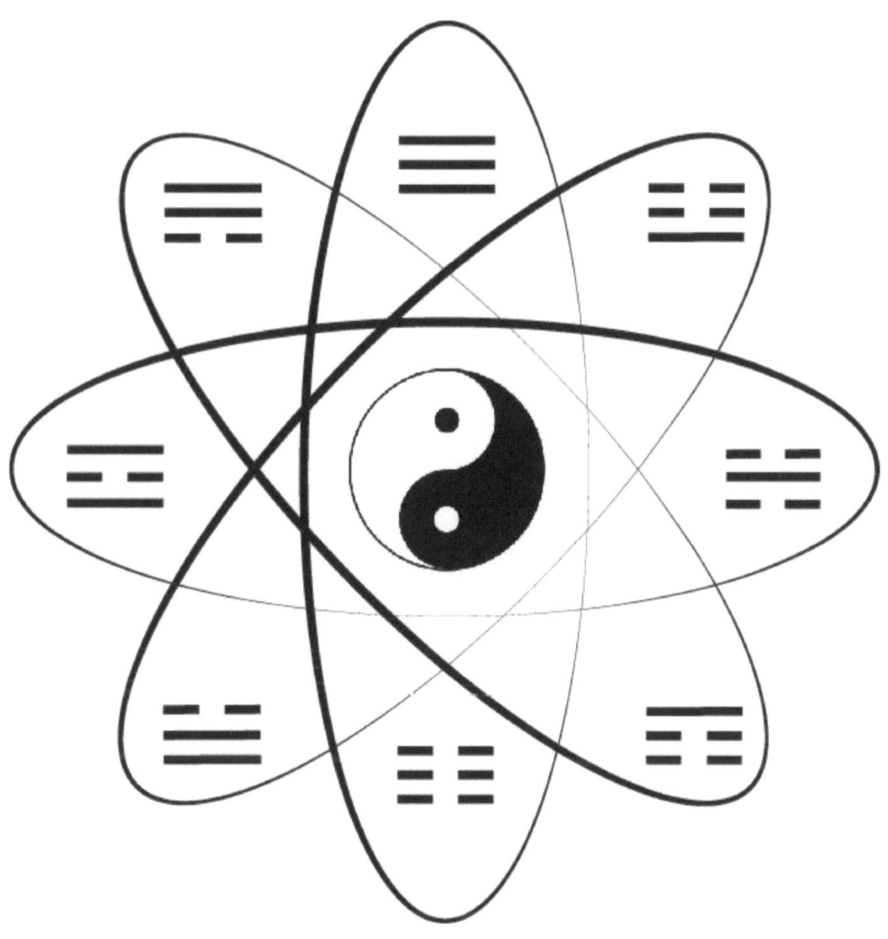

TAO

− Theorie aller Ordnung −

Inhaltsverzeichnis

Vorwort

Dieses Buch hat weder politische noch religiöse Absichten. Es soll dem wissenschaftlich interessierten Leser einen vollständigen Überblick in die mathematische und physikalische Ordnung aufzeigen. Hat man dieses Weltbild ersteinmal verstanden, so ist es schon fast ganz selbstverständlich wie der alltägliche Wetterbericht. Die "Theorie aller Ordnung" kurz TAO genannt, ist eine Theorie die alle bekannten mathematischen und physikalischen Wechselbeziehungen miteinander verknüpft und ganz vereint. Das einheitliche Modell erklärt den Spin, die Masse und die Ladung aller Elementarteilchen. Ferner ist sie so aufgebaut, wie man es aus der höheren Schule kennt, verglichen mit einer Kurvendiskussion. Da gibt es eine Funktion, die Koordinatensysteme und Hoch-, Tief- und Wendepunkte. Die Anordnung der Trigramme wurde bei der Multiplikation, Subtraktion und Division ganz bewusst aus Unkenntnis ausgelassen, da das Verstehen der Addition völlig ausreicht um die vier fundamentalen Kräfte zu erklären. Außerdem wurden die in diesem Buch gesammelten Bilder und Grafiken sorgfältig erstellt. Sollten sich dennoch Fehler eingeschlichen haben sei dies zu entschuldigen. Sie könnten sich aber ohne Mühe richtig erschließen lassen wenn man sich mit diesem Buch einigermaßen gut auskennt. Verzichtet wurde im Anhang auf die Kernzeichen da die Gestaltung sich als sehr schwierig erwies und nicht mit aufgenommen wurden. Diese könnten aber ohne weiteres hergeleitet werden. Es sei angemerkt das man den Kernzeichen dann auch noch einen Spin 1 oder Spin 2 zuordnen kann. Das ist aber nicht Aufgabe dieses Buches.

Die geschlossene Funktion

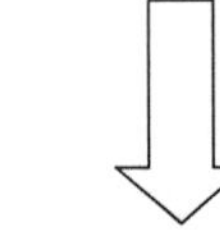

- Der Satz des Einstein -

$$E = mc^2$$

Diese Gleichung in eine Funktion setzen und die Masse splitten, dann ergibt sich:

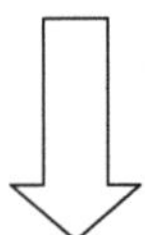

$$F\,(\text{Energie}) = \text{Masse} * c^2$$

$$F\,(\text{Energie}) = \text{Wasser} + \text{Erde} + \text{Luft} + \text{Feuer}$$

$F\,(\text{Energie}) = (\text{Wasser} + \text{Erde}) + (\text{Luft} + \text{Feuer})$
$F\,(\text{Energie}) = (\text{Masse}) + (\text{masselos})$

Wasser => massehaltig
Erde   => massehaltig
Luft   => masselos
Feuer   => masselos

Grundlagen

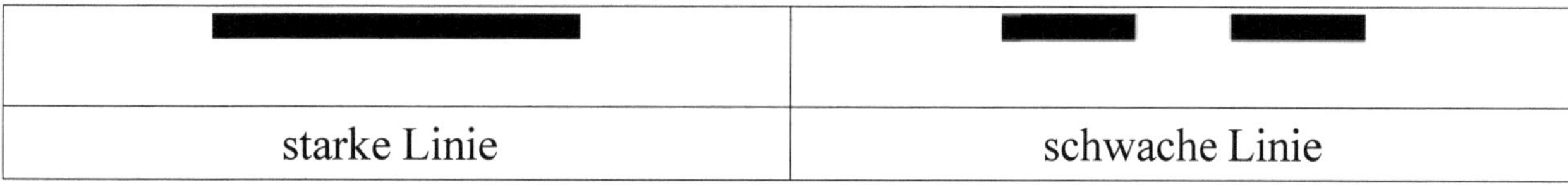

starke Linie	schwache Linie

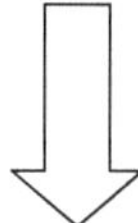

Durch hinzufügen einer Linie Bigramme.

Altes Yang, Luft, Sommer, Süden	Junges Yang, Feuer, Frühling, Osten	Altes Yin, Erde, Winter, Norden	Junges Yin, Wasser, Herbst, Westen

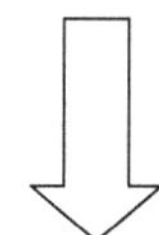

Durch hinzufügen einer Linie Trigramme

Himmel	Wasser	Donner	Berg	Erde	Feuer	See	Wind
Helle Zeichen				Dunkle Zeichen			

Die vier Elemente

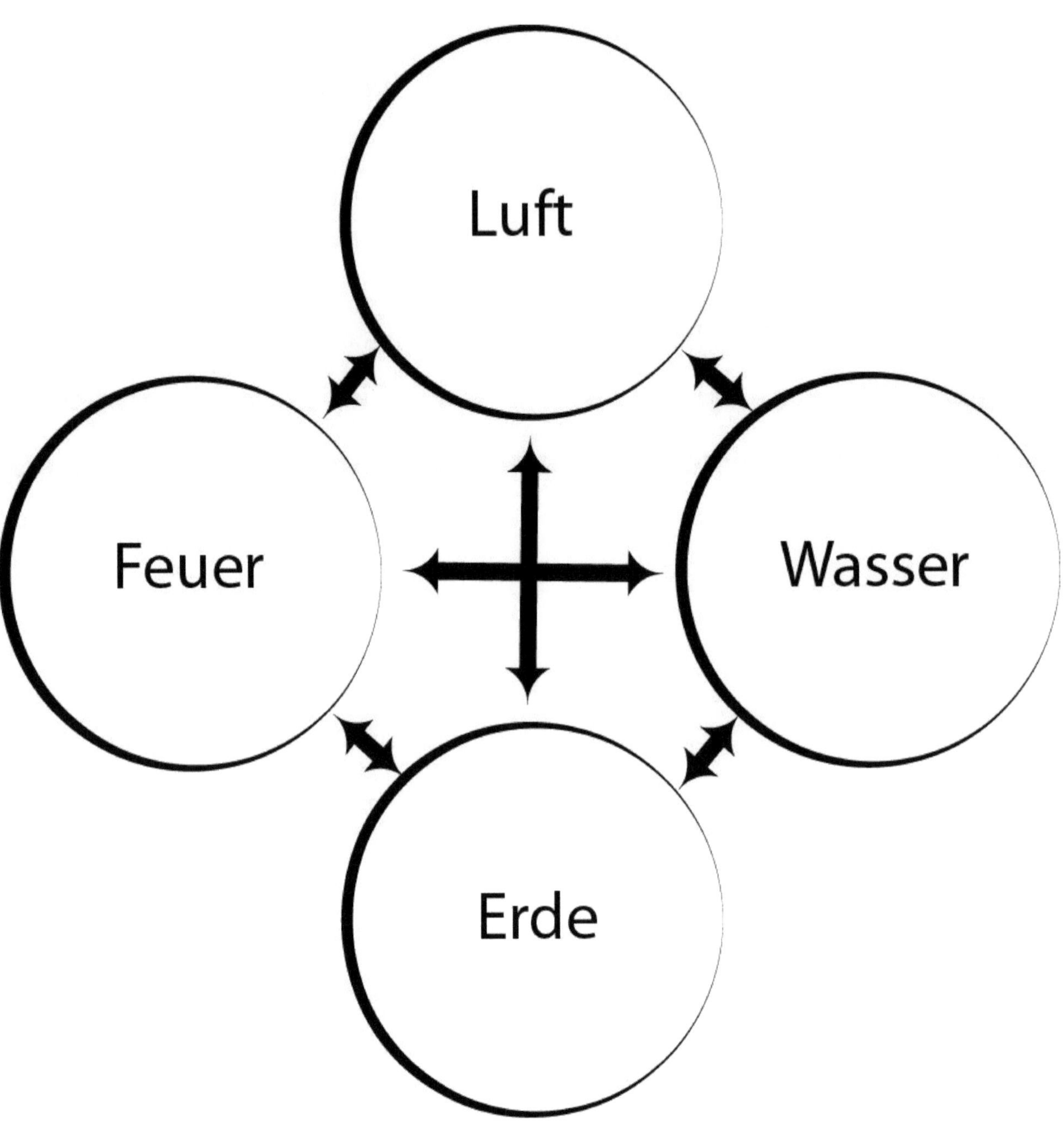

Anziehende oder abstoßende Kräfte

Das Koordinatensystem

Addition

f(x)=x+y

f(y)=y+x   F (E)=Wasser+Erde+Luft+Feuer

WP — steigend — Y + ∞ — HP

X - ∞   steigend / fallend   X + ∞

0	1	2	3	4	5	6	7	8	9	10	11	12	13	14	15	16	17	18
-1	0	1	2	3	4	5	6	7	8	9	10	11	12	13	14	15	16	17
-2	-1	0	1	2	3	4	5	6	7	8	9	10	11	12	13	14	15	16
-3	-2	-1	0	1	2	3	4	5	6	7	8	9	10	11	12	13	14	15
-4	-3	-2	-1	0	1	2	3	4	5	6	7	8	9	10	11	12	13	14
-5	-4	-3	-2	-1	0	1	2	3	4	5	6	7	8	9	10	11	12	13
-6	-5	-4	-3	-2	-1	0	1	2	3	4	5	6	7	8	9	10	11	12
-7	-6	-5	-4	-3	-2	-1	0	1	2	3	4	5	6	7	8	9	10	11
-8	-7	-6	-5	-4	-3	-2	-1	0	1	2	3	4	5	6	7	8	9	10
-9	-8	-7	-6	-5	-4	-3	-2	-1	0	1	2	3	4	5	6	7	8	9
-10	-9	-8	-7	-6	-5	-4	-3	-2	-1	0	1	2	3	4	5	6	7	8
-11	-10	-9	-8	-7	-6	-5	-4	-3	-2	-1	0	1	2	3	4	5	6	7
-12	-11	-10	-9	-8	-7	-6	-5	-4	-3	-2	-1	0	1	2	3	4	5	6
-13	-12	-11	-10	-9	-8	-7	-6	-5	-4	-3	-2	-1	0	1	2	3	4	5
-14	-13	-12	-11	-10	-9	-8	-7	-6	-5	-4	-3	-2	-1	0	1	2	3	4
-15	-14	-13	-12	-11	-10	-9	-8	-7	-6	-5	-4	-3	-2	-1	0	1	2	3
-16	-15	-14	-13	-12	-11	-10	-9	-8	-7	-6	-5	-4	-3	-2	-1	0	1	2
-17	-16	-15	-14	-13	-12	-11	-10	-9	-8	-7	-6	-5	-4	-3	-2	-1	0	1
-18	-17	-16	-15	-14	-13	-12	-11	-10	-9	-8	-7	-6	-5	-4	-3	-2	-1	0

TP — fallend — Y - ∞ — WP

HP=Hochpunkt TP= Tiefpunkt   WP=Wendepunkt

Achsen können vertauscht werden

Das Ergebnis bleibt trotzdem gleich

Nullstellen liegen alle auf einer Geraden

Multiplikation

f(y)=y*x

f(x)=x*y

TP steigend   **WP**   **HP**

Y +∞

-9	-8	-7	-6	-5	-4	-3	-2	-1	0	1	2	3	4	5	6	7	8	9
-81	-72	-63	-54	-45	-36	-27	-18	-9	9	9	18	27	36	45	54	63	72	81
-72	-64	-56	-48	-40	-32	-24	-16	-8	8	8	16	24	32	40	48	56	64	72
-63	-56	-49	-42	-35	-28	-21	-14	-7	7	7	14	21	28	35	42	49	56	63
-54	-48	-42	-36	-30	-24	-18	-12	-6	6	6	12	18	24	30	36	42	48	54
-45	-40	-35	-30	-25	-20	-15	-10	-5	5	5	10	15	20	25	30	35	40	45
-36	-32	-28	-24	-20	-16	-12	-8	-4	4	4	8	12	16	20	24	28	32	36
-27	-24	-21	-18	-15	-12	-9	-6	-3	3	3	6	9	12	15	18	21	24	27
-18	-16	-14	-12	-10	-8	-6	-4	-2	2	2	4	6	8	10	12	14	16	18
-9	-8	-7	-6	-5	-4	-3	-2	-1	1	1	2	3	4	5	6	7	8	9
-9	-8	-7	-6	-5	-4	-3	-2	-1	0	1	2	3	4	5	6	7	8	9
9	8	7	6	5	4	3	2	1	-1	-1	-2	-3	-4	-5	-6	-7	-8	-9
18	16	14	12	10	8	6	4	2	-2	-2	-4	-6	-8	-10	-12	-14	-16	-18
27	24	21	18	15	12	9	6	3	-3	-3	-6	-9	-12	-15	-18	-21	-24	-27
36	32	28	24	20	16	12	8	4	-4	-4	-8	-12	-16	-20	-24	-28	-32	-36
45	40	35	30	25	20	15	10	5	-5	-5	-10	-15	-20	-25	-30	-35	-40	-45
54	48	42	36	30	24	18	12	6	-6	-6	-12	-18	-24	-30	-36	-42	-48	-54
63	56	49	42	35	28	21	14	7	-7	-7	-14	-21	-28	-35	-42	-49	-56	-63
72	64	56	48	40	32	24	16	8	-8	-8	-16	-24	-32	-40	-48	-56	-64	-72
81	72	63	54	45	36	27	18	9	-9	-9	-18	-27	-36	-45	-54	-63	-72	-81

X - ∞ (left)   **WP** (lower left axis)   **WP** (right axis)   X + ∞ (right)   fallend (right side)   fallend (left side)

HP   **WP** Y - ∞   steigend   **TP**

HP=Hochpunkt   TP= Tiefpunkt   WP=Wendepunkt

Achsen können vertauscht werden

Das Ergebnis bleibt trotzdem gleich

Keine Nullstellen

Subtraktion

f(x)=x-y

TP steigend Y + ∞ WP

X - ∞ （fallend） ... X + ∞ （steigend）

-18	-17	-16	-15	-14	-13	-12	-11	-10	9	-8	-7	-6	-5	-4	-3	-2	-1	0
-17	-16	-15	-14	-13	-12	-11	-10	-9	8	-7	-6	-5	-4	-3	-2	-1	0	1
-16	-15	-14	-13	-12	-11	-10	-9	-8	7	-6	-5	-4	-3	-2	-1	0	1	2
-15	-14	-13	-12	-11	-10	-9	-8	-7	6	-5	-4	-3	-2	-1	0	1	2	3
-14	-13	-12	-11	-10	-9	-8	-7	-6	5	-4	-3	-2	-1	0	1	2	3	4
-13	-12	-11	-10	-9	-8	-7	-6	-5	4	-3	-2	-1	0	1	2	3	4	5
-12	-11	-10	-9	-8	-7	-6	-5	-4	3	-2	-1	0	1	2	3	4	5	6
-11	-10	-9	-8	-7	-6	-5	-4	-3	2	-1	0	1	2	3	4	5	6	7
-10	-9	-8	-7	-6	-5	-4	-3	-2	1	0	1	2	3	4	5	6	7	8
-9	-8	-7	-6	-5	-4	-3	-2	-1	0	1	2	3	4	5	6	7	8	9
-8	-7	-6	-5	-4	-3	-2	-1	0	-1	2	3	4	5	6	7	8	9	10
-7	-6	-5	-4	-3	-2	-1	0	1	-2	3	4	5	6	7	8	9	10	11
-6	-5	-4	-3	-2	-1	0	1	2	-3	4	5	6	7	8	9	10	11	12
-5	-4	-3	-2	-1	0	1	2	3	-4	5	6	7	8	9	10	11	12	13
-4	-3	-2	-1	0	1	2	3	4	-5	6	7	8	9	10	11	12	13	14
-3	-2	-1	0	1	2	3	4	5	-6	7	8	9	10	11	12	13	14	15
-2	-1	0	1	2	3	4	5	6	-7	8	9	10	11	12	13	14	15	16
-1	0	1	2	3	4	5	6	7	-8	9	10	11	12	13	14	15	16	17
0	1	2	3	4	5	6	7	8	-9	10	11	12	13	14	15	16	17	18

WP fallend Y - ∞ HP

HP=Hochpunkt   TP= Tiefpunkt   WP=Wendepunkt

Achsen können nicht vertauscht werden.

Bei f(y)=y-x ändert sich die Zahlen.

D.h. die negativen Zahlen wären dann unten.

Nullstellen liegen alle auf einer Geraden

Division

f(x)=x/y

WP   Y + ∞

Steigend   Steigend

	-9	-8	-7	-6	-5	-4	-3	-2	-1	0	1	2	3	4	5	6	7	8	9	
	-9/9	-8/9	-7/9	-6/9	-5/9	-4/9	-3/9	-2/9	-1/9	9	1/9	2/9	3/9	4/9	5/9	6/9	7/9	8/9	9/9	
	-9/8	-8/8	-7/8	-6/8	-5/8	-4/8	-3/8	-2/8	-1/8	8	1/8	2/8	3/8	4/8	5/8	6/8	7/8	8/8	9/8	
	-9/7	-8/7	-7/7	-6/7	-5/7	-4/7	-3/7	-2/7	-1/7	7	1/7	2/7	3/7	4/7	5/7	6/7	7/7	8/7	9/7	
Steigend	-9/6	-8/6	-7/6	-6/6	-5/6	-4/6	-3/6	-2/6	-1/6	6	1/6	2/6	3/6	4/6	5/6	6/6	7/6	8/6	9/6	Steigend
	-9/5	-8/5	-7/5	-6/5	-5/5	-4/5	-3/5	-2/5	-1/5	5	1/5	2/5	3/5	4/5	5/5	6/5	7/5	8/5	9/5	
	-9/4	-8/4	-7/4	-6/4	-5/4	-4/4	-3/4	-2/4	-1/4	4	1/4	2/4	3/4	4/4	5/4	6/4	7/4	8/4	9/4	
	-9/3	-8/3	-7/3	-6/3	-5/3	-4/3	-3/3	-2/3	-1/3	3	1/3	2/3	3/3	4/3	5/3	6/3	7/3	8/3	9/3	
	-9/2	-8/2	-7/2	-6/2	-5/2	-4/2	-3/2	-2/2	-1/2	2	1/2	2/2	3/2	4/2	5/2	6/2	7/2	8/2	9/2	X + ∞
TP	-9/1	-8/1	-7/1	-6/1	-5/1	-4/1	-3/1	-2/1	-1/1	1	1/1	2/1	3/1	4/1	5/1	6/1	7/1	8/1	9/1	HP
X − ∞ WP	-9	-8	-7	-6	-5	-4	-3	-2	-1	0	1	2	3	4	5	6	7	8	9	WP
HP	9/1	8/1	7/1	6/1	5/1	4/1	3/1	2/1	1/1	-1	-1/1	-2/1	-3/1	-4/1	-5/1	-6/1	-7/1	-8/1	-9/1	TP
	9/2	8/2	7/2	6/2	5/2	4/2	3/2	2/2	1/2	-2	-1/2	-2/2	-3/2	-4/2	-5/2	-6/2	-7/2	-8/2	-9/2	
	9/3	8/3	7/3	6/3	5/3	4/3	3/3	2/3	1/3	-3	-1/3	-2/3	-3/3	-4/3	-5/3	-6/3	-7/3	-8/3	-9/3	
	9/4	8/4	7/4	6/4	5/4	4/4	3/4	2/4	1/4	-4	-1/4	-2/4	-3/4	-4/4	-5/4	-6/4	-7/4	-8/4	-9/4	
Steigend	9/5	8/5	7/5	6/5	5/5	4/5	3/5	2/5	1/5	-5	-1/5	-2/5	-3/5	-4/5	-5/5	-6/5	-7/5	-8/5	-9/5	Steigend
	9/6	8/6	7/6	6/6	5/6	4/6	3/6	2/6	1/6	-6	-1/6	-2/6	-3/6	-4/6	-5/6	-6/6	-7/6	-8/6	-9/6	
	9/7	8/7	7/7	6/7	5/7	4/7	3/7	2/7	1/7	-7	-1/7	-2/7	-3/7	-4/7	-5/7	-6/7	-7/7	-8/7	-9/7	
	9/8	8/8	7/8	6/8	5/8	4/8	3/8	2/8	1/8	-8	-1/8	-2/8	-3/8	-4/8	-5/8	-6/8	-7/8	-8/8	-9/8	
	9/9	8/9	7/9	6/9	5/9	4/9	3/9	2/9	1/9	-9	-1/9	-2/9	-3/9	-4/9	-5/9	-6/9	-7/9	-8/9	-9/9	

Steigend   WP   Y − ∞   Steigend

HP=Hochpunkt   TP= Tiefpunkt   WP=Wendepunkt

Achsen können nicht vertauscht werden.

Bei f(y)=y/x ändert sich die Richtung.

Keine Nullstellen

"

Spineigenschaften

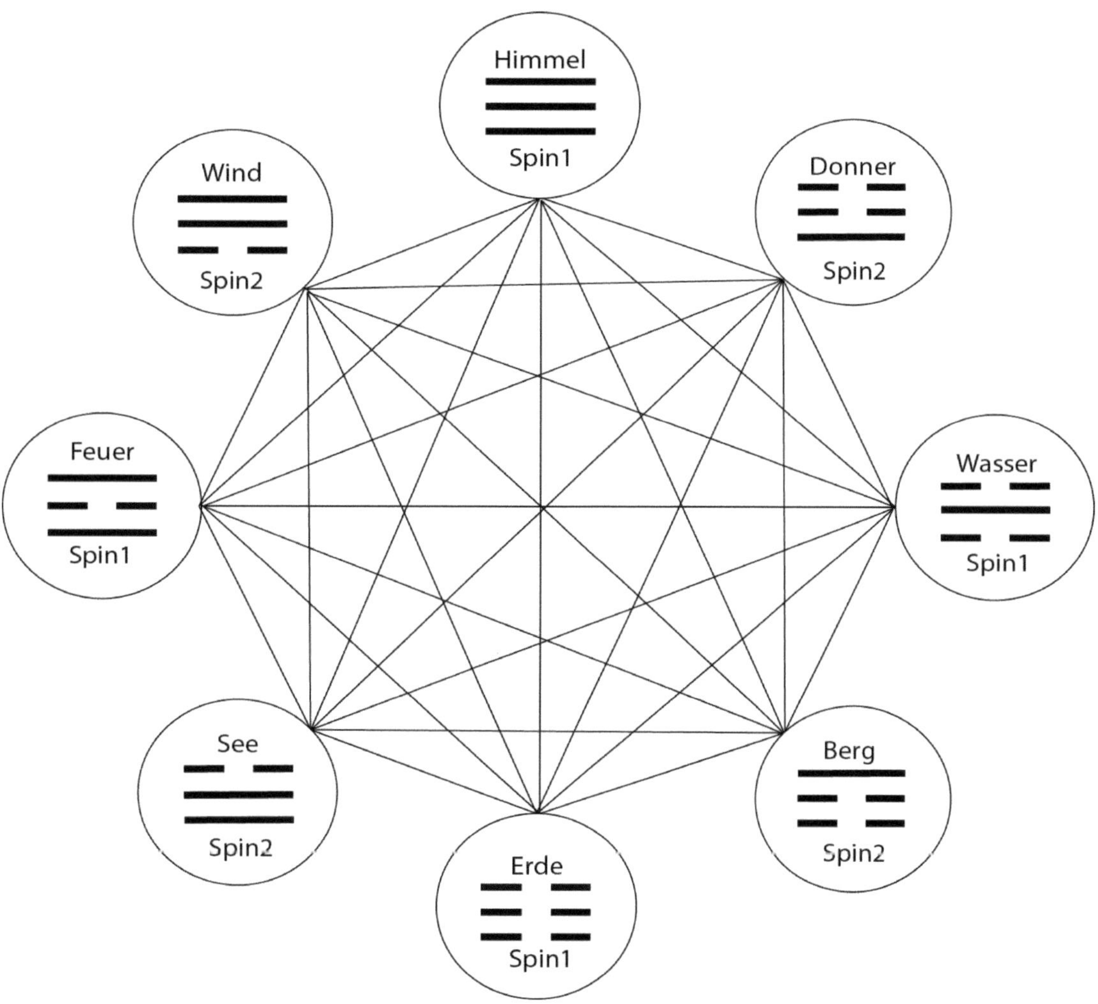

Spin 1 => 180° Drehung bis zum Ausgangszustand

Spin 2 => 360° Drehung bis zum Ausgangszustand

Gegenstück => Spin 1 + Gegenteil

- Spin 1 bedeutet, daß das Trigramm um 180° gedreht immer das Gleiche ergibt.
- Spin 2 bedeutet, daß das Trigramm um 360° gedreht immer das Gleiche ergibt.

Spineigenschaften

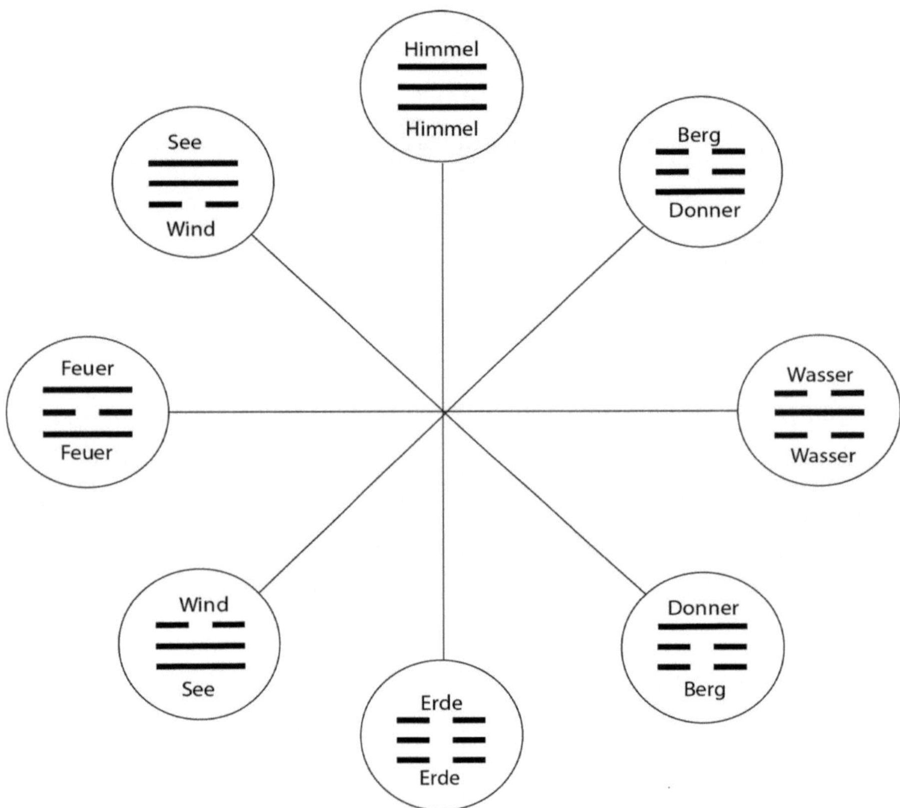

Wenn man das Trigramm um 180° dreht und dann ins Gegenteil wandelt ergibt sich das Gegenstück, nicht das Gegenteil.

Gegenstück				Gegenteil		
Himmel	⇒	Erde		Himmel	⇒	Erde
Wasser	⇒	Feuer		Wasser	⇒	Feuer
Wind	⇒	Berg		Wind	⇒	Donner
See		Donner		See		Berg

Hexagramm Tabelle

	Himmel	Donner	Wasser	Berg	Erde	Wind	Feuer	See
Himmel	1	34	5	26	11	9	14	43
Donner	25	51	3	27	24	42	21	17
Wasser	6	40	29	4	7	59	64	47
Berg	33	62	39	52	15	59	56	31
Erde	12	16	8	23	2	20	35	45
Wind	44	32	48	18	46	57	50	28
Feuer	13	55	63	22	36	37	30	49
See	10	54	60	41	19	61	38	58

$$Gegenstück = \frac{Spin1 + \ Gegenteil}{Spin1 + \ Gegenteil}$$

Beispiel: Hexagramm 16 $\Rightarrow$ 45

Die fundamentalen Kräfte

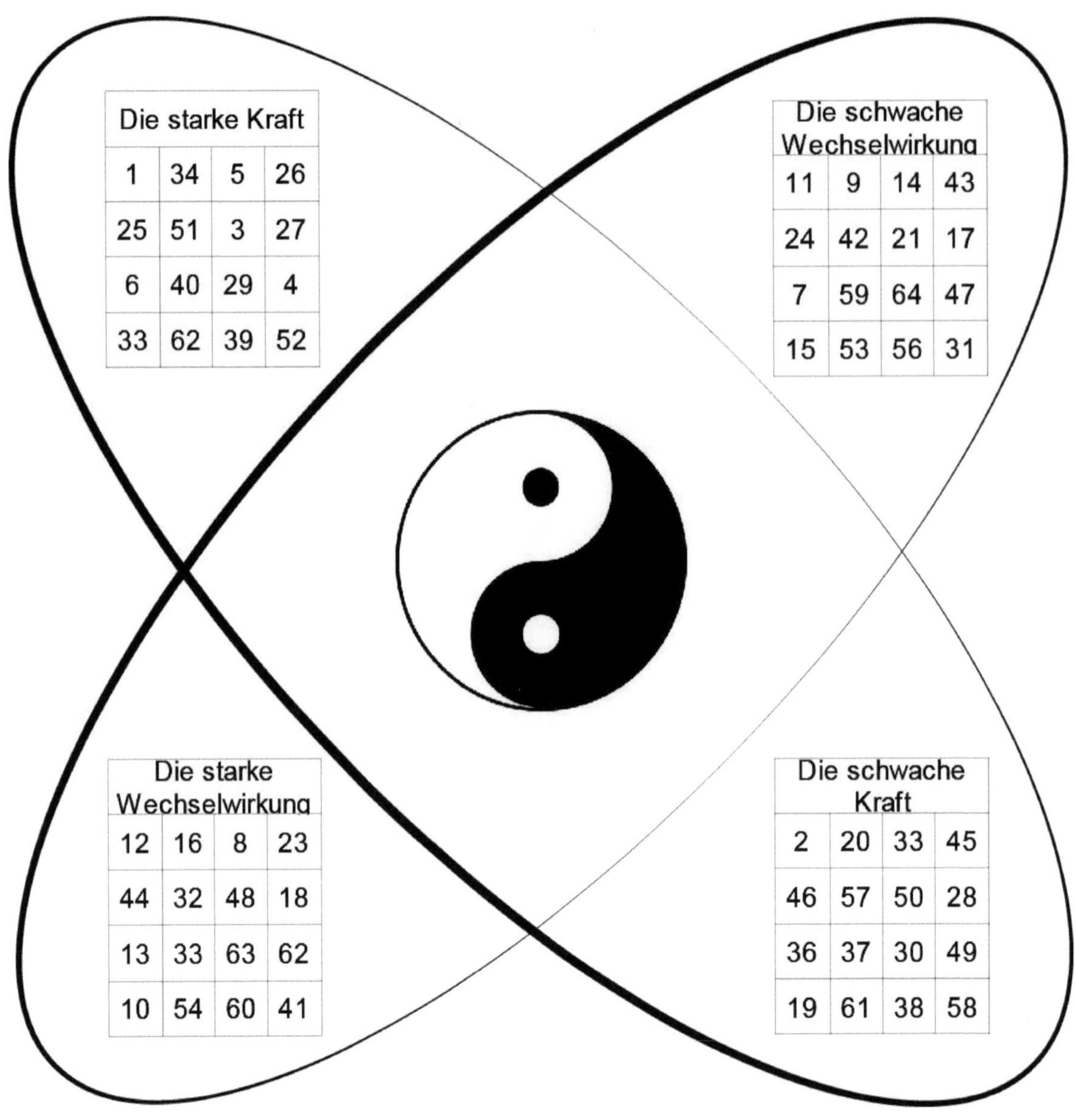

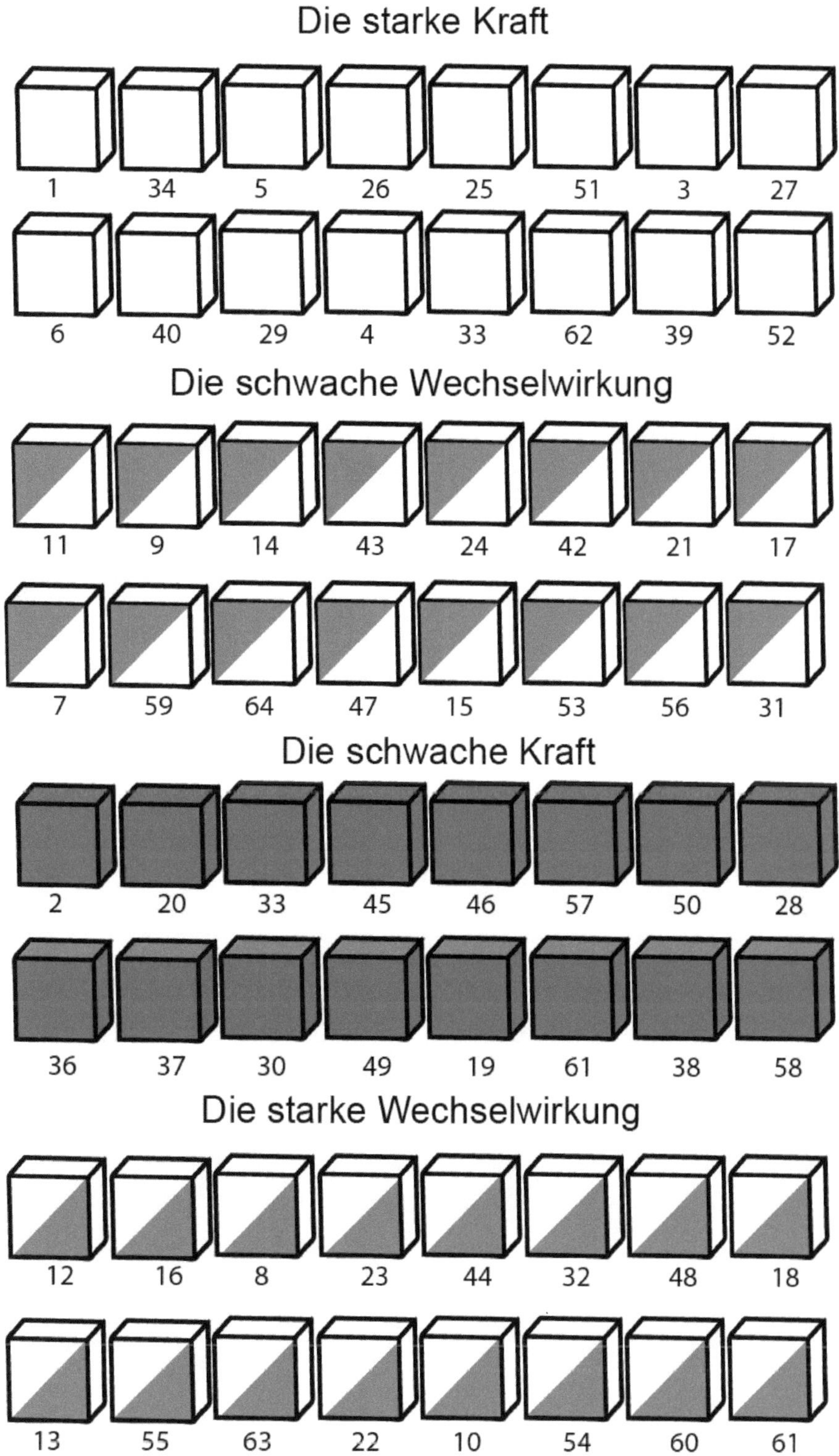
Die starke Kraft
1 34 5 26 25 51 3 27
6 40 29 4 33 62 39 52
Die schwache Wechselwirkung
11 9 14 43 24 42 21 17
7 59 64 47 15 53 56 31
Die schwache Kraft
2 20 33 45 46 57 50 28
36 37 30 49 19 61 38 58
Die starke Wechselwirkung
12 16 8 23 44 32 48 18
13 55 63 22 10 54 60 61

Quanten oder Elementarteilchen

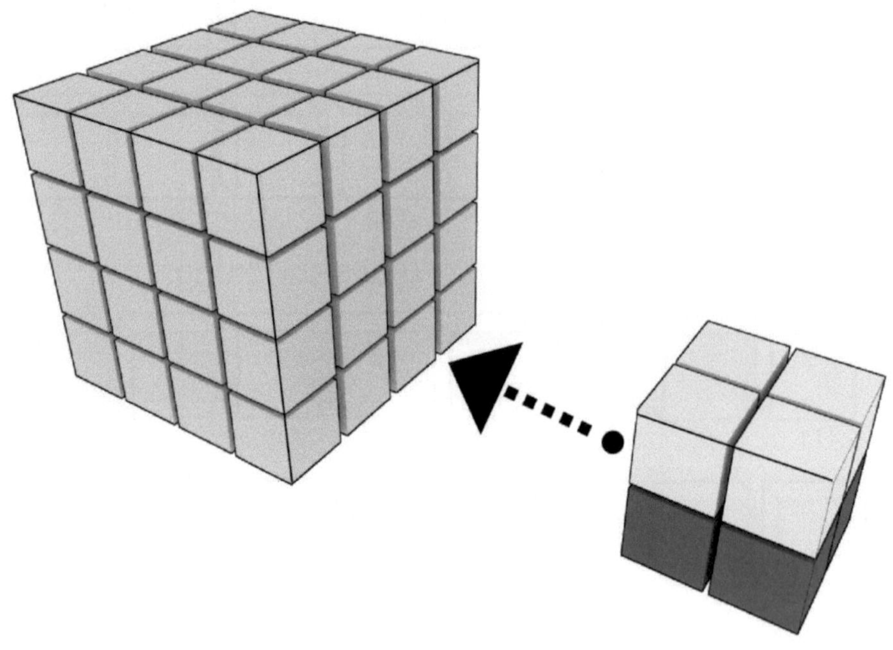

Im Kern die nicht umkehrbaren Hexaeder.

Die Quadratur des Kreises oder auch der Stein der Weisen ist die Vollendung des I Ging. Es setzt sich aus den 64 Hexaedern (Hexagramme) zusammen und man hat, wie in den vorherigen Kapiteln gezeigt, den Würfel mit Spin, Masse und Ladung.

Die nicht umkehrbaren Quanten

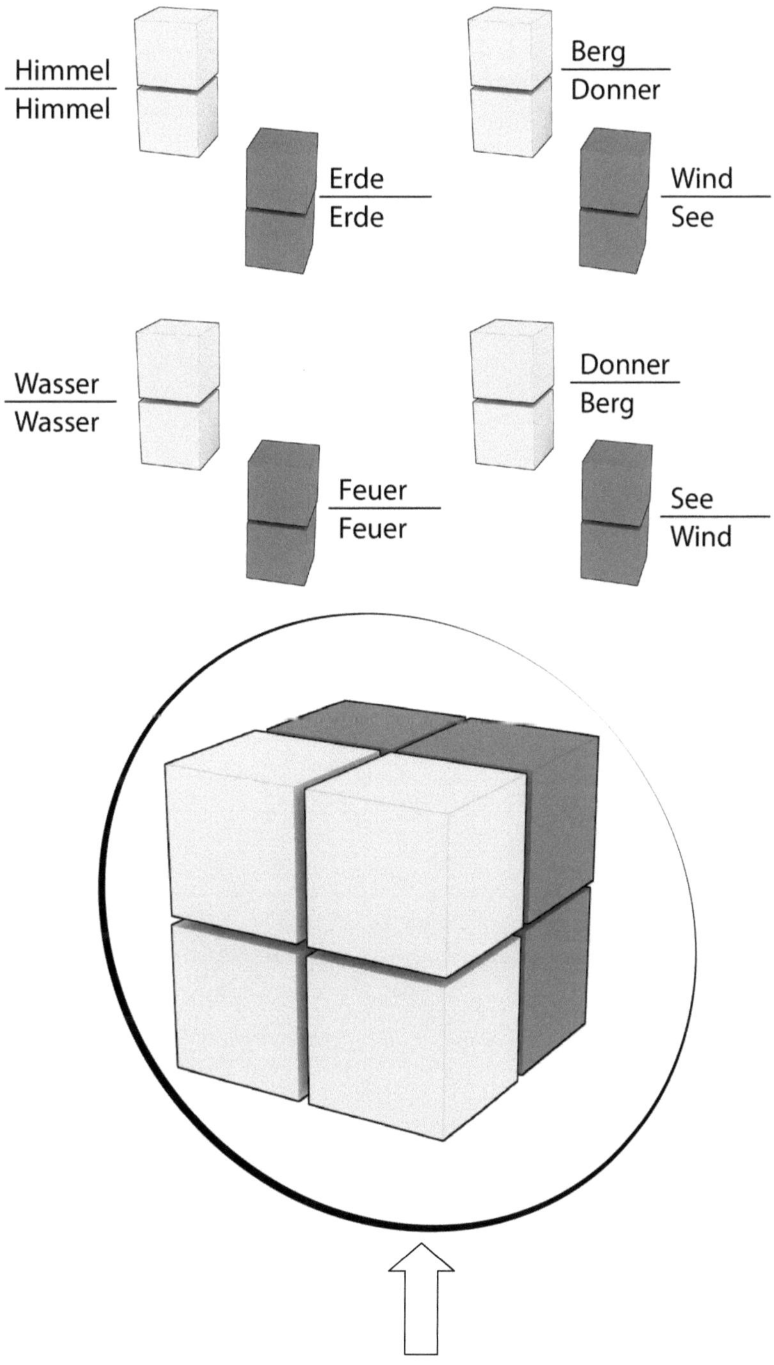

Zusammengesetzt sieht er dann so aus.

Anhang

Yin und Yang

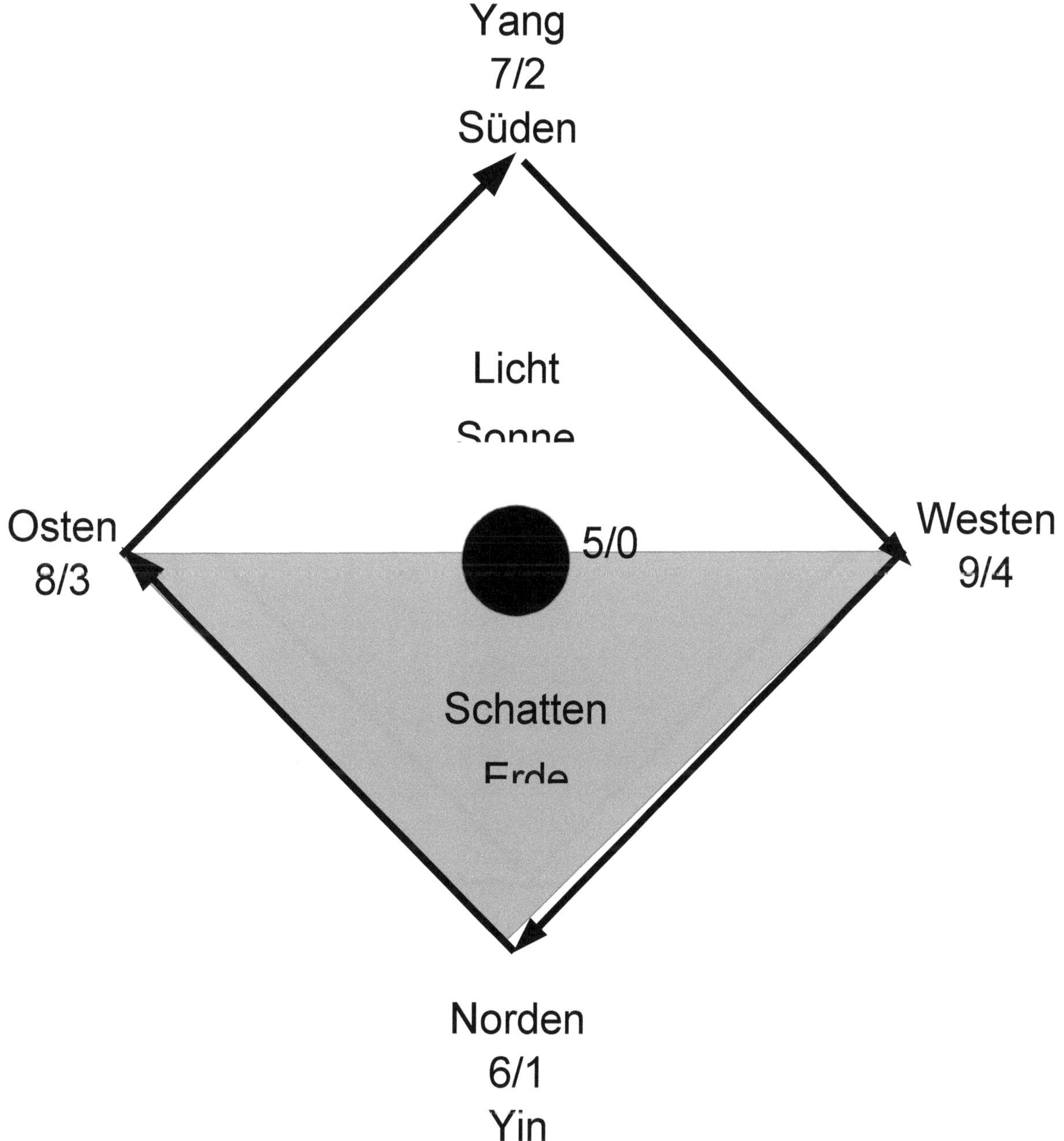

Die Sonne wandert von Ost nach West und die Schatten dementsprechend von West nach Ost.

Yin und Yang

Tag
Sommer
Süden
Luft
Licht
Sonne
Frühling
Osten
Feuer
8/3
5/0
Herbst
Westen
Wasser
9/4
Schatten
Erde
6/1
Norden
Erde
Nacht

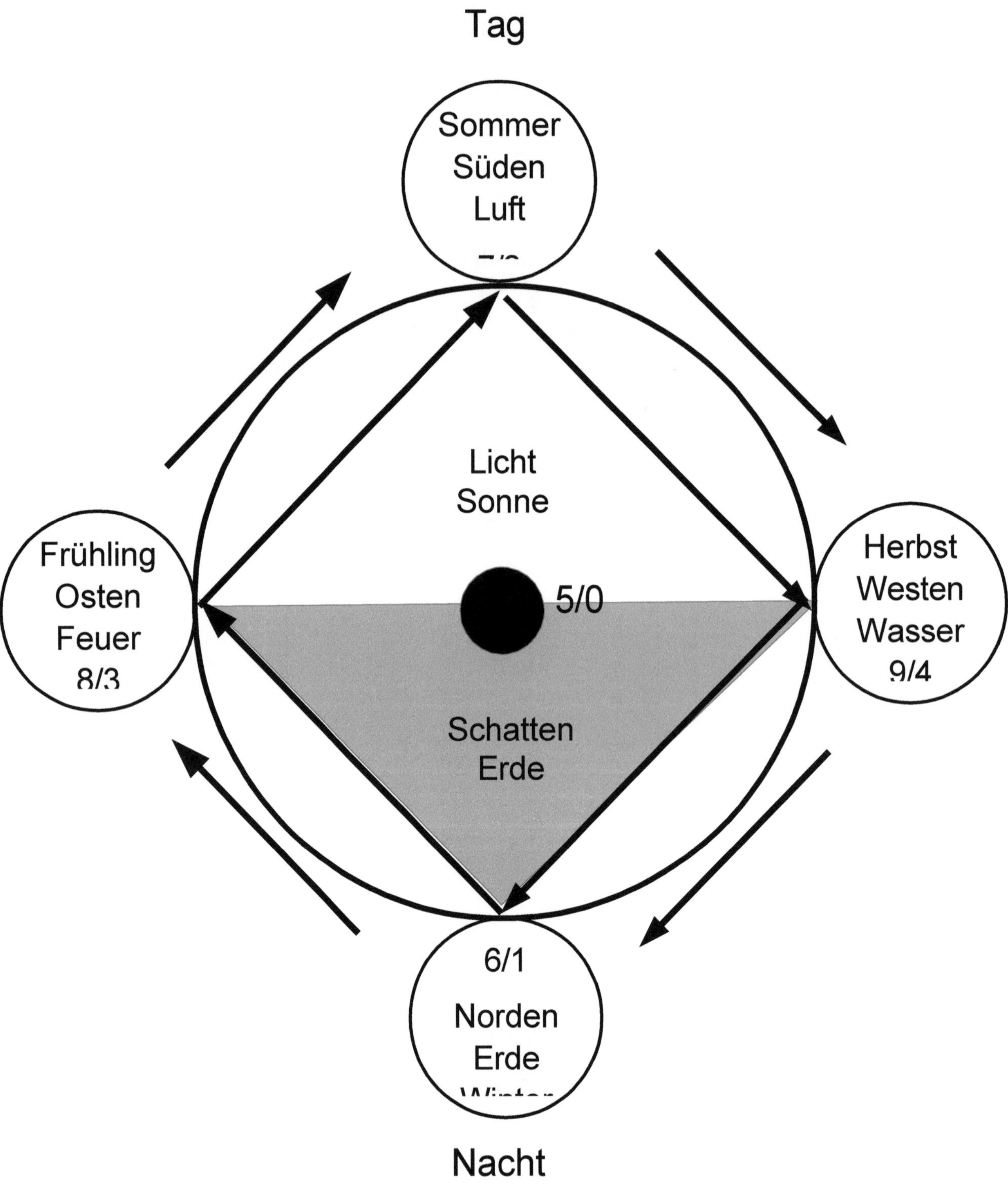

Die Zeit

	Sommer Tag	
Frühling		Herbst
	Nacht Winter	

Zeitrechnung, Kalender

1. 12 Monate * 30 Tage = 360 Tage

$$360\,Tage + \frac{9\,Planeten + 12\,Sternzeichen}{4\,Jahreszeiten}$$

=> 365, 25 Tage im Jahr.
=> Alle 4 Jahre ein Tag mehr.
=>alle 4 Jahre 366 Tage im Jahr.

Würfelkalender aus Backgammon

	Summe der Zahlen eines Würfels = 21 Die Quersumme beträgt 3. => 21.03. Frühlingsanfang.
	Summe der Zahlen eines Würfels = 21 Die Quersumme zweier Würfel => 21+21 = 42 => 6 => 21.06. Sommeranfang
	Summe der Zahlen eines Würfels = 21 Die Quersumme dreier Würfel 21+21+21 = 63 => 9 => 21.09. Herbstanfang
	Summe der Zahlen eines Würfels = 21 Die Quersumme von vier Würfeln. 21+21+21+21=84 => 12 => 21.12. Winteranfang

Adventsberechnung

	6. Pasch => 24 in der Summe. => Quersumme aus 4 Würfeln. =>24.12. Heiligabend

Die neutralen Hexagramme

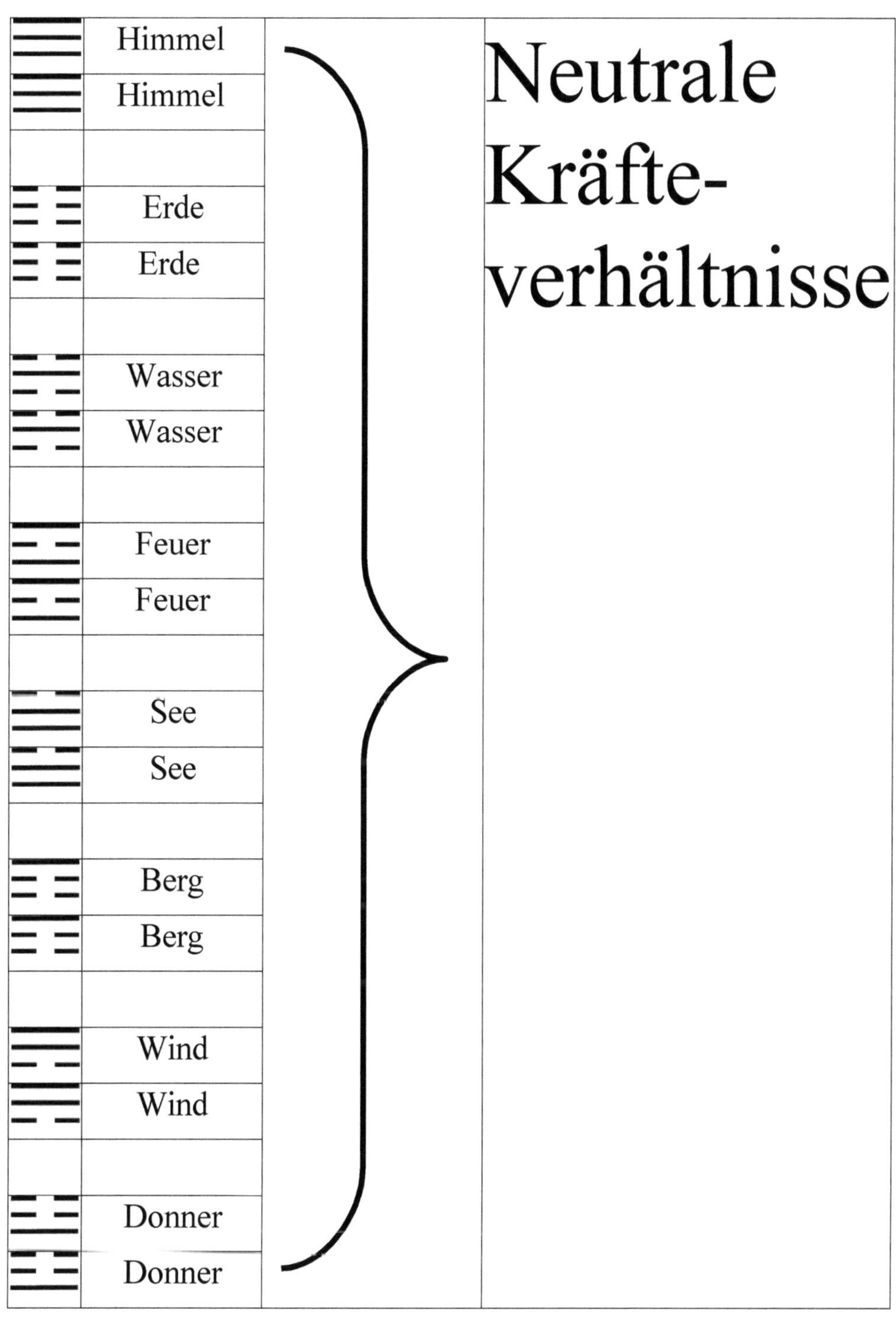

Die nicht umkehrbaren Hexagramme

=> Hexagramme ergeben bei Umkehrung immer dasselbe

☰	Himmel	Weiße Hexagramme oder Hexaeder.	
☰	Himmel		
☳	Donner		
☶	Berg		
☵	Wasser		
☵	Wasser		
☶	Berg		
☳	Donner		

☷	Erde	Die Schwarzen Hexagramme oder Hexaeder.
☷	Erde	
☱	See	
☴	Wind	
☲	Feuer	Die nicht umkehrbaren Hexaeder bilden den Kern des gesamten Würfels.
☲	Feuer	
☴	Wind	
☱	See	

Die Erweiterung

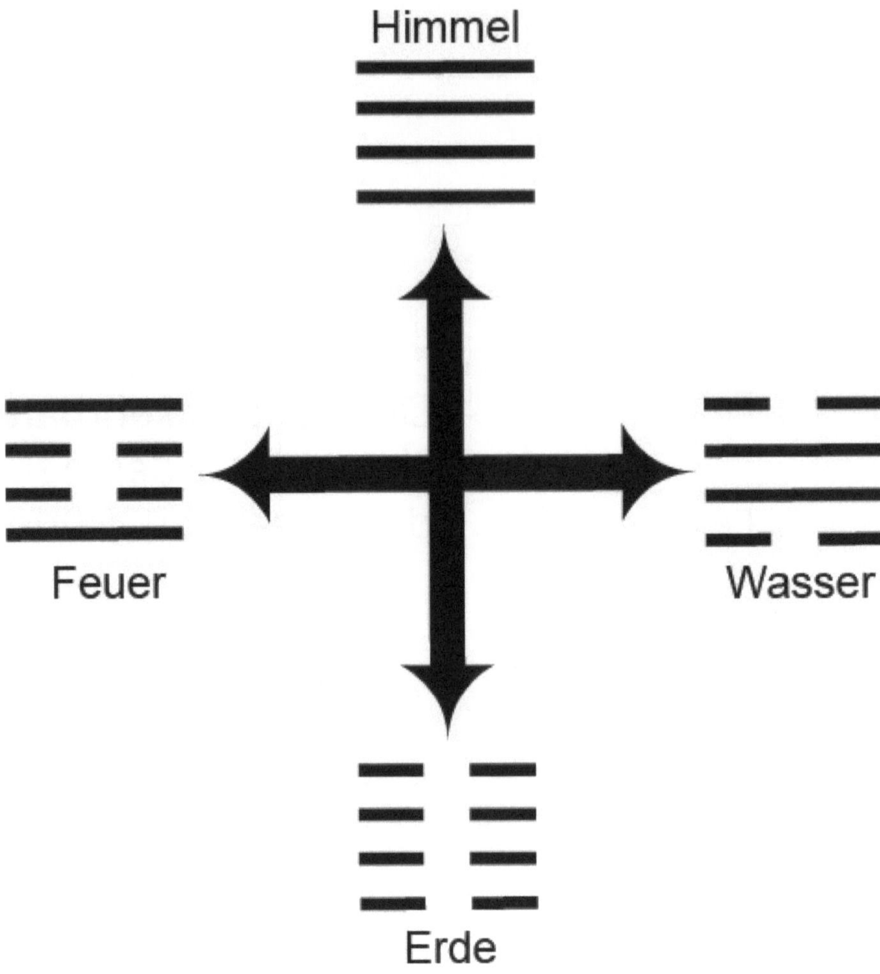

Durch Hinzufügen eines weiteren Striches, wird der Kreis größer. Man kann ihn bis ins Unendliche steigern, aber reizt man die Möglichen Kombinationen aus, ist der Kreis immer geschlossen.

Atomstruktur

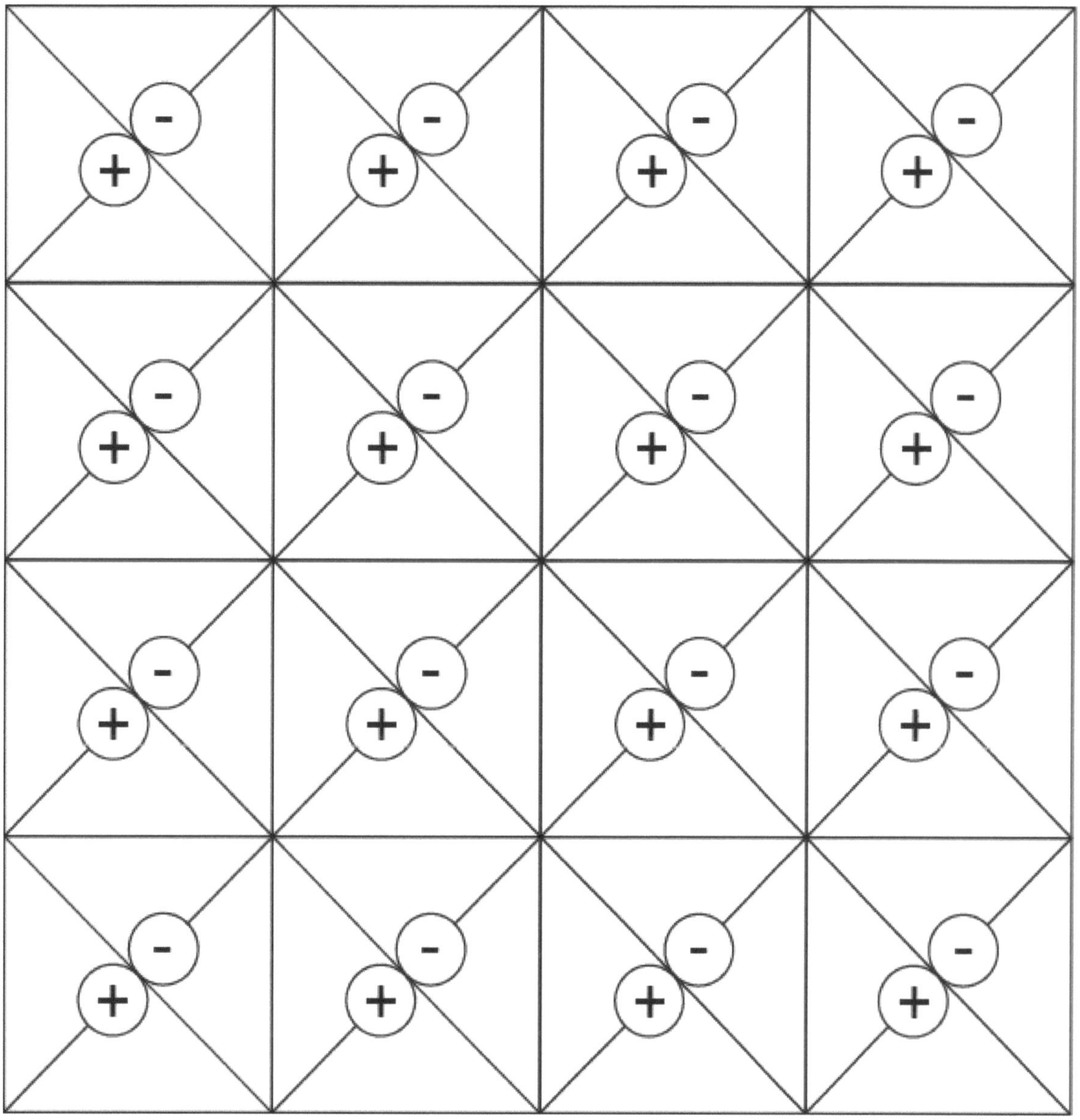

I Ging – Spiele

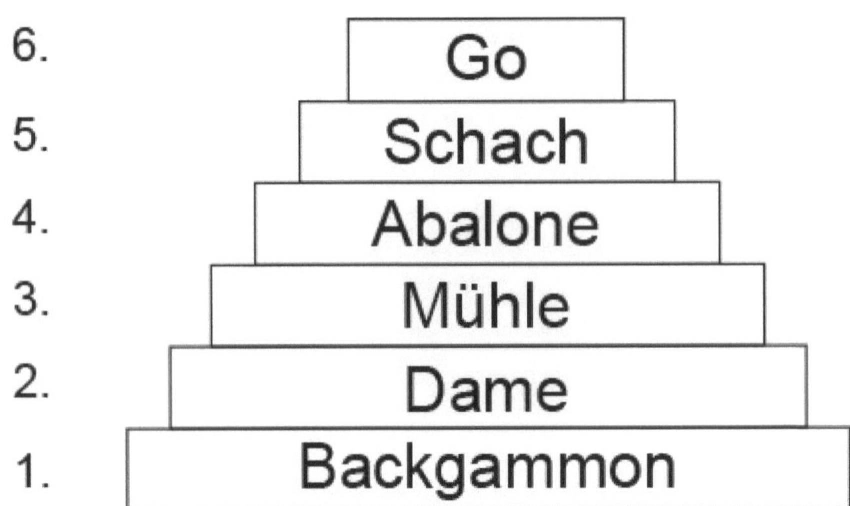

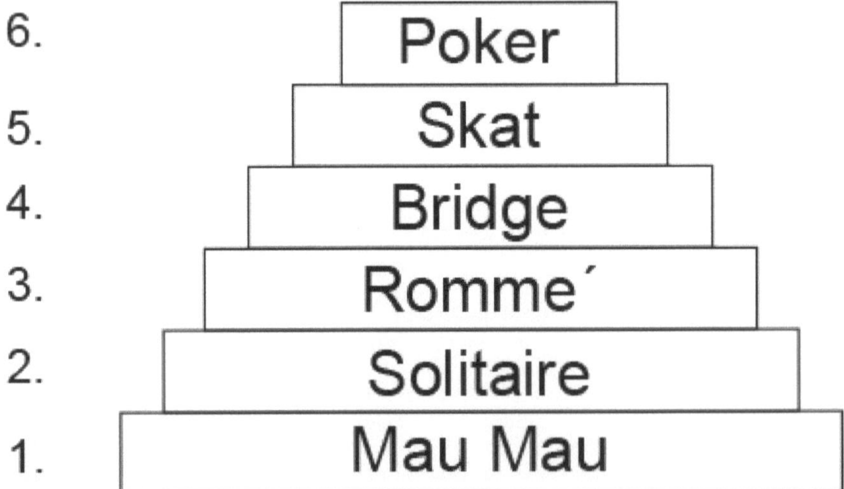

Diese Spiele (andere Varianten sind auch möglich) sind zweifelsfrei aus dem I Ging entstanden.

I Ging – Spiele

	A	B	C	D	E	F	G	H
8	Kreuz Ass	Pik 10	Bube Kreuz	Dame Pik	König Kreuz	Bube Pik	Kreuz 10	Pik Ass
7	Pik 7	Kreuz 8	Pik 9	Kreuz Dame	Pik König	Kreuz 9	Pik 8	Kreuz 7
6								
5								
4								
3								
2	Karo 7	Herz 8	Karo 9	Dame Herz	König Karo	Herz 9	Karo 8	Herz 7
1	Herz Ass	Karo 10	Bube Herz	Dame Karo	König Herz	Bube Karo	Herz 10	Karo Ass

Grundaufstellung für das Schachspiel mit Skatkarten. Die Karten zeigen dann den Weg zur "modernen Eröffnung".

Wahrnehmung der Elemente auf die 5 Sinne.

Luft ->   Kann man nicht sehen.
Wasser -> Kann man nicht riechen.
Erde ->   Kann man nicht hören.
Feuer ->   Kann man nicht schmecken.

Fühlen kann man sie alle.

Gegenteile

1.	Himmel	<=>	2.	Erde	
	Himmel			Erde	
3.	Wasser	<=>	50.	Feuer	
	Donner			Wind	
4.	Berg	<=>	49.	See	
	Wasser			Feuer	
5.	Wasser	<=>	35.	Feuer	
	Himmel			Erde	
6.	Himmel	<=>	36.	Erde	
	Wasser			Feuer	
7.	Erde	<=>	13.	Himmel	
	Wasser			Feuer	
8.	Wasser	<=>	14.	Feuer	
	Erde			Himmel	
9.	Wind	<=>	16.	Donner	
	Himmel			Erde	
10.	Himmel	<->	15.	Erde	
	See			Berg	

11.	Erde	<=>	12.	Himmel
	Himmel			Erde
17.	See	<=>	18.	Berg
	Donner			Wind
19.	Erde	<=>	33.	Himmel
	See			Berg
20.	Wind	<=>	34.	Donner
	Erde			Himmel
21.	Feuer	<=>	48.	Wasser
	Donner			Wind
22.	Berg	<=>	47.	See
	Feuer			Wasser
23.	Berg	<=>	43.	See
	Erde			Himmel

24.	Erde / Donner	<=>	44.	Himmel / Wind
25.	Himmel / Donner	<=>	46.	Feuer / Wind
26.	Berg / Himmel	<=>	45.	See / Erde
27.	Berg / Donner	<=>	28.	See / Wind
29.	Wasser / Wasser	<=>	30.	Feuer / Feuer
31.	See / Berg	<=>	41.	Berg / See
32.	Donner / Wind	<=>	42.	Wind / Donner
37.	Wind / Feuer	<=>	40.	Donner / Wasser
38.	Feuer / See	<=>	39.	Wasser / Berg

51.	Donner		<=>	57.	Wind
	Donner				Wind
52.	Berg		<=>	58	See
	Berg				See
53.	Wind		<=>	54.	Donner
	Berg				See
55.	Donner		<=>	59.	Wind
	Feuer				Wasser
56.	Feuer		<=>	60.	Wasser
	Berg				See
61.	Wind		<=>	62.	Donner
	See				Berg
63.	Wasser		<=>	64.	Feuer
	Feuer				Wasser

Gegenstücke

$$Gegenst\ddot{u}ck = \frac{Spin1}{Spin1} + \frac{Wandlung\,ins\,Gegenteil}{Wandlung\,ins\,Gegenteil}$$

1.	Himmel	<=>	2.		Erde
	Himmel				Erde
3.	Wasser	<=>	38.		Feuer
	Donner				See
4.	Berg	<=>	37.		Wind
	Wasser				Feuer
5.	Wasser	<=>	35.		Feuer
	Himmel				Erde
6.	Himmel	<=>	36.		Erde
	Wasser				Feuer
7.	Erde	<=>	13.		Himmel
	Wasser				Feuer
8.	Wasser	<=>	14.		Feuer
	Erde				Himmel
9.	Wind	<=>	23.		Berg
	Himmel				Erde
10.	Himmel	<=>	24.		Erde
	See				Donner

Nr.	oben	unten		Nr.	oben	unten
11.	Erde	Himmel	<=>	12.	Himmel	Erde
15.	Erde	Berg	<=>	44.	Himmel	Wind
16.	Donner	Erde	<=>	43.	See	Himmel
17.	See	Donner	<=>	54.	Donner	See
18.	Berg	Wind	<=>	53.	Wind	Berg
19.	Erde	See	<=>	25.	Himmel	Donner
20.	Wind	Erde	<=>	26.	Berg	Himmel
21.	Feuer	Donner	<=>	60.	Wasser	See
22.	Berg	Feuer	<=>	59.	Wind	Wasser

27.	Berg / Donner	<=>	61.	Wind / See
28.	See / Wind	<=>	62.	Donner / Berg
29.	Wasser / Wasser	<=>	30.	Feuer / Feuer
31.	See / Berg	<=>	32.	Donner / Wind
33.	Himmel / Berg	<=>	46.	Erde / Wind
34.	Donner / Himmel	<=>	45.	See / Erde
39.	Wasser / Berg	<=>	50.	Feuer / Wind
40.	Donner / Wasser	<=>	49.	See / Feuer
41.	Berg / See	<=>	42.	Wind / Donner
47.	See / See	<=>	55.	Donner / Donner

	Wasser				Feuer
48.	Wasser	<=>	56.		Feuer
	Wind				Berg
51.	Donner	<=>	58.		See
	Donner				See
52.	Berg	<=>	57.		Wind
	Berg				Wind
63.	Wasser	<=>	64.		Feuer
	Feuer				Wasser

Umkehrungen

Das Hexagramm um 180° gedreht.

Die weißen Hexagramme

1.	Himmel	<=>	1.	Himmel
	Himmel			Himmel
3.	Wasser	<=>	4.	Berg
	Donner			Wasser
5.	Wasser	<=>	6.	Himmel
	Himmel			Wasser
25.	Himmel	<=>	26.	Berg
	Donner			Himmel
27.	Berg	<=>	27.	Berg
	Donner			Donner
29.	Wasser	<=>	29.	Wasser
	Wasser			Wasser
33.	Himmel	<=>	34.	Donner
	Berg			Himmel
31.	See	<=>	40.	Donner

	☶ Berg			☵ Wasser
51.	☳ Donner	<=>	52.	☶ Berg
	☳ Donner			☶ Berg
62.	☳ Donner	<=>	62.	☳ Donner
	☶ Berg			☶ Berg

Die schwarzen Hexagramme

2.	☷ Erde	<=>	2.	☷ Erde	
	Erde			Erde	
19.	Erde	<=>	20.	Wind	
	See			Erde	
28.	See	<=>	28.	See	
	Wind			Wind	
30.	Feuer	<=>	30.	Feuer	
	Feuer			Feuer	
35.	Feuer	<=>	36.	Erde	
	Erde			Feuer	
37.	Wind	<=>	38.	Feuer	
	Feuer			See	
45.	See	<=>	46.	Erde	
	Erde			Wind	
49.	See	<=>	50.	Feuer	
	Feuer			Wind	

57.   Wind   <=>   58.   See

Wind   See

61.   Wind   <=>   61.   Wind

See   See

7.	Erde / Wasser	<=>	8.	Wasser / Erde
9.	Wind / Himmel	<=>	10.	Himmel / See
11.	Erde / Himmel	<=>	12.	Himmel / Erde
13.	Himmel / Feuer	<=>	14.	Feuer / Himmel
15.	Erde / Berg	<=>	16.	Donner / Erde
17.	See / Donner	<=>	18.	Berg / Wind
21.	Feuer / Donner	<=>	22.	Berg / Feuer
23.	Berg / Erde	<=>	24.	Erde / Donner
31.	See / Berg	<=>	32.	Donner / Wind

41.	Berg / See	<=>	42.	Wind / Donner
43.	See / Himmel	<=>	44.	Himmel / Wind
47.	See / Wasser	<=>	48.	Wasser / Wind
53.	Wind / Berg	<=>	54.	Donner / See
55.	Donner / Feuer	<=>	56.	Feuer / Berg
59.	Wind / Wasser	<=>	60.	Wasser / See
63.	Wasser / Feuer	<=>	64.	Feuer / Wasser

Bigrammzerlegung der Hexagramme

Pro Hexagramm => 5 Bigramme

6	- \		
		5	═
5	- X		
		4	═
4	- X		
		3	═
3	- X		
		2	═
2	- X		
		1	═
1	- /		

5 Bigramme sind 10 Striche

Wenn man jedes Hexagramm in seine Bigramme zerlegt, erhält man 5 Bigramme und jeder Strich der 5 Bigramme sind dann 10 Striche. Den Bigrammen könnte man auch einen Spin 1 oder Spin 2 zuordnen.

				═	Himmel
				═	Himmel
1		═	Himmel		═	Himmel
		═	Himmel		═	Himmel
					═	Himmel

				☷	Erde
				☷	Erde
2	☷	Erde		☷	Erde
	☷	Erde		☷	Erde
				☷	Erde

				☲	Feuer
				☷	Erde
3	☵	Wasser		☷	Erde
	☳	Donner		☷	Erde
				☲	Feuer

					Wasser
					Erde
4		Berg			Erde
		Wasser			Feuer
					Wasser

					Feuer
					Wasser
5		Wasser			Feuer
		Himmel			Himmel
					Himmel

					Himmel
					Himmel
6		Himmel			Wasser
		Wasser			Feuer
					Wasser

				⚋	Erde
				⚋	Erde
7	☷	Erde		⚋	Erde
	☵	Wasser		⚊	Feuer
				⚋	Wasser

				⚊	Feuer
				⚋	Wasser
8	☵	Wasser		⚋	Erde
	☷	Erde		⚋	Erde
				⚋	Erde

				⚊	Himmel
				⚋	Wasser
9	☴	Wind		⚋	Feuer
	☰	Himmel		⚊	Himmel
				⚊	Himmel

				☰	Himmel
				☰	Himmel
10	☰	Himmel		☵	Wasser
	☱	See		☲	Feuer
				☰	Himmel

				☷	Erde
				☷	Erde
11	☷	Erde		☲	Feuer
	☰	Himmel		☰	Himmel
				☰	Himmel

				☰	Himmel
				☰	Himmel
12	☰	Himmel		☵	Wasser
	☷	Erde		☷	Erde
				☷	Erde

				☰ Himmel
				☰ Himmel
13	☰ Himmel			☰ Himmel
	☲ Feuer			☵ Wasser
				☲ Feuer

				☵ Wasser
				☲ Feuer
14	☲ Feuer			☰ Himmel
	☰ Himmel			☰ Himmel
				☰ Himmel

				☷ Erde
				☷ Erde
15	☷ Erde			☲ Feuer
	☶ Berg			☵ Wasser
				☷ Erde

					Erde
					Feuer
16		Donner			Wasser
		Erde			Erde
					Erde

					Feuer
					Himmel
17		See			Wasser
		Donner			Erde
					Erde

					Wasser
					Erde
18		Berg			Feuer
		Wind			Himmel
					Wasser

				☷	Erde
				☷	Erde
19	☷	Erde		☷	Erde
	☱	See		☲	Feuer
				☰	Himmel

				☰	Himmel
				☵	Wasser
20	☴	Wind		☷	Erde
	☷	Erde		☷	Erde
				☷	Erde

				☵	Wasser
				☲	Feuer
21	☲	Feuer		☵	Wasser
	☳	Donner		☷	Erde
				☲	Feuer

					Wasser
					Erde
22	☶	Berg			Feuer
	☲	Feuer			Wasser
					Feuer

					Wasser
					Erde
23	☶	Berg			Erde
	☷	Erde			Erde
					Erde

					Erde
					Erde
24	☷	Erde			Erde
	☳	Donner			Erde
					Feuer

					Himmel
			58		Himmel
25		Himmel			Wasser
		Donner			Erde
					Feuer

					Wasser
					Erde
26		Berg			Feuer
		Himmel			Himmel
					Himmel

					Wasser
					Erde
27		Berg			Erde
		Donner			Erde
					Feuer

				Feuer
				Himmel
28		See		Himmel
		Wind		Himmel
				Wasser

				Feuer
				Wasser
29		Wasser		Erde
		Wasser		Feuer
				Wasser

				Wasser
				Feuer
30		Feuer		Himmel
		Feuer		Wasser
				Feuer

				⚋	Feuer
				⚊	Himmel
31	☱	See		⚊	Himmel
	☶	Berg		⚋	Wasser
				⚋	Erde

				⚋	Erde
				⚋	Feuer
32	☳	Donner		⚊	Himmel
	☴	Wind		⚊	Himmel
				⚋	Wasser

				⚊	Himmel
				⚊	Himmel
33	☰	Himmel		⚊	Himmel
	☶	Berg		⚋	Wasser
				⚋	Erde

				⚏	Erde
				⚍	Feuer
34	☳	Donner		⚌	Himmel
	☰	Himmel		⚌	Himmel
				⚌	Himmel

				⚎	Wasser
				⚍	Feuer
35	☲	Feuer		⚎	Wasser
	☷	Erde		⚏	Erde
				⚏	Erde

				⚏	Erde
				⚏	Erde
36	☷	Erde		⚍	Feuer
	☲	Feuer		⚎	Wasser
				⚍	Feuer

37				☰	Himmel
				⚋	Wasser
	☴	Wind		⚎	Feuer
	☲	Feuer		⚋	Wasser
				⚎	Feuer

38				⚋	Wasser
				⚎	Feuer
	☲	Feuer		⚋	Wasser
	☱	See		⚎	Feuer
				☰	Himmel

39				⚎	Feuer
				⚋	Wasser
	☵	Wasser		⚎	Feuer
	☶	Berg		⚋	Wasser
				⚏	Erde

					Erde
					Feuer
40		Donner			Wasser
		Wasser			Feuer
					Erde

					Wasser
					Erde
41		Berg			Erde
		See			Feuer
					Himmel

					Himmel
					Wasser
42		Wind			Erde
		Donner			Erde
					Feuer

Nr.					
				☷	Feuer
				☰	Himmel
43	☱	See		☰	Himmel
	☰	Himmel		☰	Himmel
				☰	Himmel

Nr.					
				☰	Himmel
				☰	Himmel
44	☰	Himmel		☰	Himmel
	☴	Wind		☰	Himmel
				☵	Wasser

Nr.					
				☷	Feuer
				☰	Himmel
45	☱	See		☵	Wasser
	☷	Erde		☷	Erde
				☷	Erde

				☷	Erde
				☷	Erde
46	☷	Erde		☲	Feuer
	☴	Wind		☰	Himmel
				☵	Wasser

				☲	Feuer
				☰	Himmel
47	☱	See		☵	Wasser
	☵	Wasser		☲	Feuer
				☵	Wasser

				☲	Feuer
				☵	Wasser
48	☵	Wasser		☲	Feuer
	☴	Wind		☰	Himmel
				☵	Wasser

Nr.					
					Feuer
					Himmel
49		See			Himmel
		Feuer			Wasser
					Feuer

Nr.					
					Wasser
					Feuer
50		Feuer			Himmel
		Wind			Himmel
					Wasser

Nr.					
					Erde
					Feuer
51		Donner			Wasser
		Donner			Erde
					Feuer

					Wasser
					Erde
52		Berg			Feuer
		Berg			Wasser
					Erde

					Himmel
					Wasser
53		Wind			Feuer
		Berg			Wasser
					Erde

					Erde
					Feuer
54		Donner			Wasser
		See			Feuer
					Himmel

Nr.	Trigramm	Name		Trigramm	Element
				☷	Erde
				☲	Feuer
55	☳	Donner		☰	Himmel
	☲	Feuer		☵	Wasser
				☲	Feuer

Nr.	Trigramm	Name		Trigramm	Element
				☵	Wasser
				☲	Feuer
56	☲	Feuer		☰	Himmel
	☶	Berg		☵	Wasser
				☷	Erde

Nr.	Trigramm	Name		Trigramm	Element
				☵	Wasser
				☷	Erde
57	☴	Wind		☲	Feuer
	☴	Wind		☵	Wasser
				☷	Erde

					Feuer
					Himmel
58		See			Wasser
		See			Feuer
					Himmel

					Himmel
					Wasser
59		Wind			Erde
		Wasser			Feuer
					Wasser

					Feuer
					Wasser
60		Wasser			Erde
		See			Feuer
					Himmel

	Trigramm			Zeichen	
				⚌	Himmel
				⚎	Wasser
61	☴	Wind		⚏	Erde
	☱	See		⚍	Feuer
				⚌	Himmel

	Trigramm			Zeichen	
				⚏	Erde
				⚍	Feuer
62	☳	Donner		⚌	Himmel
	☶	Berg		⚎	Wasser
				⚏	Erde

	Trigramm			Zeichen	
				⚍	Feuer
				⚎	Wasser
63	☵	Wasser		⚍	Feuer
	☲	Feuer		⚎	Wasser
				⚍	Feuer

				⚏	Wasser
				⚍	Feuer
64	⚍	Feuer		⚏	Wasser
	⚎	Wasser		⚍	Feuer
				⚏	Wasser